BEI GRIN MACHT SICH IHR WISSEN BEZAHLT

- Wir veröffentlichen Ihre Hausarbeit,
  Bachelor- und Masterarbeit

- Ihr eigenes eBook und Buch -
  weltweit in allen wichtigen Shops

- Verdienen Sie an jedem Verkauf

Jetzt bei www.GRIN.com hochladen
und kostenlos publizieren

Martina Kreuter

Die familiäre Ernährungserziehung von Kindern unter spezieller Betrachtung der klassischen Lerntheorien

GRIN Verlag

Bibliografische Information der Deutschen Nationalbibliothek:

Die Deutsche Bibliothek verzeichnet diese Publikation in der Deutschen National-
bibliografie; detaillierte bibliografische Daten sind im Internet über http://dnb.d-
nb.de/ abrufbar.

Impressum:

Copyright © 2007 GRIN Verlag, Open Publishing GmbH
Druck und Bindung: Books on Demand GmbH, Norderstedt Germany
ISBN: 978-3-656-25926-8

Dieses Buch bei GRIN:

http://www.grin.com/de/e-book/198951/die-familiaere-ernaehrungserziehung-von-
kindern-unter-spezieller-betrachtung

GRIN - Your knowledge has value

Der GRIN Verlag publiziert seit 1998 wissenschaftliche Arbeiten von Studenten, Hochschullehrern und anderen Akademikern als eBook und gedrucktes Buch. Die Verlagswebsite www.grin.com ist die ideale Plattform zur Veröffentlichung von Hausarbeiten, Abschlussarbeiten, wissenschaftlichen Aufsätzen, Dissertationen und Fachbüchern.

Besuchen Sie uns im Internet:

http://www.grin.com/

http://www.facebook.com/grincom

http://www.twitter.com/grin_com

AKADEMIE FÜR DEN DIÄTDIENST UND
ERNÄHRUNGSMEDIZINISCHEN BERATUNGSDIENST

AM ALLGEMEINEN KRANKENHAUS DER STADT WIEN

Seminararbeit

Die familiäre Ernährungserziehung von Kindern unter spezieller Betrachtung der klassischen Lerntheorien

Verfasserin: Martina KREUTER

Jahrgang 2006-2009

Wien, am 23. Oktober 2007

Inhaltsverzeichnis

Abbildung

Tabelle

1. Einleitung

Aus dem Österreichischen Ernährungsbericht 2003 [1; S.1] lassen sich alamierende Daten erheben: 35 % der Männer und 20 % der Frauen sind übergewichtig, jeweils 6% davon adipös. Bei den Jüngsten sind 11 % der Burschen und 10 % der Mädchen übergewichtig und 5 % bzw. 4 % adipös. Die Folgen des Ernährungsverhaltens der Bevölkerung breiten sich schleichend aus [2; S.6]. Durch das Übergewicht erhöht sich das Risiko, an chronischen Krankheiten wie beispielsweise Diabetes Typ II, Hypertonie oder Krebs zu erkranken. Weitere entstehende Probleme können den Bewegungsapparat, die Atmung und die Psyche betreffen. Die meisten Erwachsenen wissen zwar genau wie sie sich ernähren sollten (meist durch Medien), sie tun es nur nicht [2; S.6]! Da das Ernährungsverhalten bereits im Kindesalter erlernt bzw. manifestiert wird, kommt einer frühkindlichen Vermittlung von Wissen über den Zusammenhang zwischen Ernährung und Gesundheit eine besondere Bedeutung zu [3; S.7]. Die Hypothese für die vorliegende hermeneutische Arbeit lautet: Durch eine ernährungsphysiologisch wertvolle, familiäre Ernährungserziehung kann unter Berücksichtigung der klassischen Lerntheorien (gesunden) Kindern ein gesundes Ernährungsverhalten gelernt werden.

2. Kurzer Blick in die Vergangenheit

In der Kriegs- bzw. Nachkriegszeit des zweiten Weltkriegs mussten Strategien gegen das Verhungern gefunden werden. Den Kindern von damals sollte das bedürftige Angebot an Lebensmitteln durch Überredungskunst, Lob und Tadel, mit lustigen Geschichten über die Sonne, die nur scheint, wenn der Teller leer gegessen ist, schmackhaft gemacht werden. Mangels der Auswahl und ohne Kühlschrank war jeder Rest kostbar, wenn er nicht gegessen wurde und daher verdarb [4; S.53].

Auch in der beliebten Kindergeschichte "Der Suppen-Kasper" ist die heute überholte Einstellung zur Leibesfülle eines gesunden Kindes beschrieben: „Der Kaspar, der war kerngesund, Ein dicker Bub und kugelrund, Er hatte Backen rot und frisch; Die Suppe aß er hübsch bei Tisch. Doch einmal fing er an zu schrei'n: "Ich esse keine Suppe! Nein! Ich esse meine Suppe nicht! Nein, meine Suppe ess' ich nicht!"(...) Am vierten Tage endlich gar, Der Kaspar wie ein Fädchen war. Er wog vielleicht ein halbes Lot -Und war am fünften Tage tot."[1] [5; S.13]

---

[1] Wörtlich übernommene Zitate

Heute stehen in der industrialisierten Welt die Vielfalt und der Überfluss an Nahrungsmitteln im Vordergrund. Damit wird die Selbstverantwortung der Menschen gefordert und – wie die in der Zwischenzeit epidemischen Ausmaße der Fettleibigkeit zeigen – oft auch überfordert. Die psychologischen Essbedürfnisse der heutigen Überflusssituation verdrängen die damals vorherrschenden physiologischen Ernährungsbedürfnisse. Lebensmittel werden vor allem nach ihrem emotionalen Genusswert ausgewählt, denn: „Gut ist worüber man gut denkt, bevor es gut schmeckt!" Dieser Wandel sollte sich auch im Zugang zur Ernährungserziehung widerspiegeln [2; S.7].

3. Ernährungserziehung und Ernährungsverhalten

3.1. Definition Ernährungserziehung

Eine allgemein gültige Definition ist nicht vorhanden, da es sich bei der Ernährungserziehung um ein nicht klar abgegrenztes Forschungsgebiet handelt. In der Literatur findet sich folgende Beschreibung [6; S.9]: „In Anlehnung an die Definition von Pädagogik kann die Ernährungspädagogik als die Lehre, Theorie und Wissenschaft von der Erziehung und Bildung der Menschen im Bereich der Ernährung angesehen werden."
Bei der Ernährungserziehung stehen vor allem präventive Aspekte im Vordergrund [7; S.10].

3.2. Definition Ernährungsverhalten

„Ernährungsverhalten ist die Gesamtheit geplanter, spontaner oder gewohnheitsmäßiger Handlungsvollzüge, mit denen Nahrung beschafft, zubereitet und verzehrt wird." [8; S.18]
In der täglichen Übung im Familienkreis, aber auch im Kindergarten und in der Schule, entwickelt sich ein dann in die Gewohnheit überlaufendes, hochspezialisiertes Ernährungsverhalten, das im Erwachsenenalter ganz selbstverständlich als das normale Ernährungsverhalten erlebt wird [9; S.39].

3.3. Das Drei-Komponenten-Modell

In der Wechselwirkung des Kindes mit seiner Umgebung entwickelt sich sein Ernährungsverhalten. In erster Linie sind Erziehungspersonen wie Eltern oder Pädagogen in gesellschaftlichen Einrichtungen (z.B. Schulen) von Bedeutung. Sie dienen den Kindern als Vorbilder für soziales Lernen und werden nachgeahmt [10; S.21].

Im Säuglingsalter ist die Bedeutung innerer Signale (z.b. Hunger und Sättigung - Primärbedürfnisse) noch sehr ausgeprägt, später steigert sich der Einfluss der äußeren Bedingungen (Umgebung, Nahrungsangebot und soziale Einheiten z.b. Familie) und mit zunehmendem Lebensalter wachsen die kognitiven Einstellungen, die das Essverhalten bestimmen (z.b. die gezielten Auswahl von ernährungsphysiologisch günstigen Lebensmitteln, die Durchführung von Blitz- und Crashdiäten und die Entscheidung zwischen Apfel und Schokoriegel). Die kognitive Komponente unterliegt ihrerseits äußeren Einflüssen wie individuelles Ernährungswissen, Einstellungen,... [9; S.46-48].

Abb. 1 erläutert schematisch die Veränderung in der Wechselwirkung innerer Signale (biologische Ebene), äußerer Reize (kulturelle Normierung) und rationaler Einstellungen (Kognitionen) im Verlauf des Lebens [11; S.47].

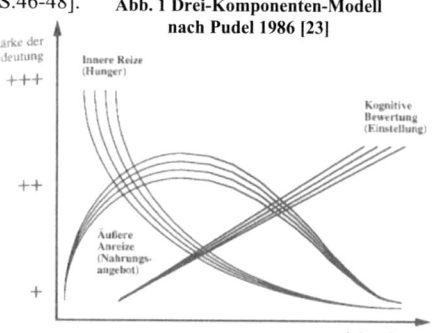

Abb. 1 Drei-Komponenten-Modell nach Pudel 1986 [23]

3.4. Hindernisse in der Ernährungserziehung

Folgende Hindernisse sind bei der Ernährungserziehung zu beachten [4; S.38]:

1. der kindliche Geschmack und seine Eigendynamik
2. die Werbung mit ihren imageprägenden Genusserwartungen
3. der allgegenwärtige Überfluss mit verlockenden Angeboten
4. die neue Überflussgesellschaft, die (noch) keine überzeugenden Regeln gefunden hat, den Überfluss erfolgreich zu managen
5. das Essverhalten der Modellpersonen

4. Familiäre Ernährungserziehung

4.1. Allgemein

Kein Baby wird in einen (ess-) erfahrungsfreien Raum geboren, sondern es bekommt durch die Familie, das soziale Umfeld und die Kultur vermittelt, was als Nahrung angesehen wird und was nicht. Somit lernt jeder Mensch bereits von Geburt an (bzw. ab dem Einführen der Erwachsenenkost, ca. erstes Lebensjahr), durch seine Familie, die jeweilig gültigen kulturellen Ernährungsregeln kennen. Der Umgang mit Nahrung in einer Familie, wie Kennen lernen von unterschiedlichen Speisen, Art und Zubereitung der Speisen, Esserziehung,

Verhalten am „Familientisch", beeinflussen einen lebenslangen Ernährungs- und Geschmacksstil [12; S.238-242].

Die Erziehung durch die Eltern, familiäre Strukturen sowie die Unterstützung und Beziehung innerhalb der Familie können sich stark auf die Ernährung, die Nahrungsvorlieben und die Möglichkeiten zur Regulierung der Ess- und Bewegungsgewohnheiten von Kindern auswirken [13; S.62]. Das Erlernen des jeweiligen kindlichen Ernährungsverhaltens erfolgt in der Familie sowohl durch einen bewussten Erziehungsprozess (direkte Erziehung) als auch durch die Übernahme von Verhaltensmustern und Rollen (indirekte Erziehung).

„Elternverhalten und Kindererziehung stehen in einem engen Wechselverhältnis - Das Elternverhalten fließt indirekt, aber stetig in die Erziehung ein."

Ein ernährungsphysiologisch günstiges Ernährungsverhalten kann also sowohl durch direkte als auch durch indirekte Erziehung (gefestigt bzw.) gelernt werden [7; S.24 / 14; S.24].

4.2. Lernen

Lernen ist ein Prozess, der zu relativ stabilen Veränderungen im Verhalten führt und auf Erfahrungen aufbaut. Lernen ist nicht direkt zu beobachten. Es muss aus der Veränderung des beobachtbaren Verhaltens erschlossen werden [15; S.227].

Laut den klassischen psychologischen Grundtheorien unterscheidet man drei Modelle des Lernens [15; S.227-267]:

1. Die klassische Konditionierung (nach I. P. Pawlow)
2. Die operante Konditionierung bzw. Lernen am Erfolg (nach B.F. Skinner)
3. Beobachtungslernen bzw. Lernen am Modell (nach A. Bandura)

Betrachtet man diese Lernmodelle ernährungspsychologisch, ergeben sich folgende Ansätze für die familiäre Ernährungserziehung:

4.2.1. Die klassische Konditionierung

Der amerikanische Psychologieprofessor Seligman begründete das „Sauce Béarnaise-Syndrom". Der abstrakte Name lässt sich darauf zurückführen, dass Seligman nach dem Verzehr eines Abendessens Übelkeit sowie Erbrechen verspürte und diese Symptome auf den Konsum der Sauce schloss.

Ein unangenehmes, schockartiges Erlebnis, gekoppelt an ein bestimmtes Essen, kann eine lebenslange Abneigung erzeugen [4; S.34].

V. Pudel [4; S.33] stellt als Beispiel eine Situation, in der das Kind von der Mutter zum Aufessen eines Spinatgerichtes „gezwungen" wird, dar. Bei einer Abwehrreaktion des Sprösslings fällt die Speise auf den Teppich, worauf die Mutter ihr Kind ohrfeigt. Er schließt daraus, dass das Kind eine Komponente dieser Mahlzeit in Zukunft verabscheuen wird. Nach diesem Erklärungsmodell werden bereits in der Kindheit mit bestimmten Lebensmitteln positive oder negative Erfahrungen verknüpft. Auch wenn die Reizqualitäten *(z.B. Übelkeit, Schmerz durch eine Ohrfeige, ...)* [2] schon lange nicht mehr in Zusammenhang mit diesen Essen auftreten, bleiben dennoch Präferenzen bzw. Aversionen dauerhaft bestehen und werden meistens zeitlebens nicht mehr gelöscht. Auf diese Weise erworbene Vorlieben oder Abneigungen stehen selten mit biologischen Bedürfnissen des Körpers im Einklang und können sogar eine bedarfsgerechte Ernährung verhindern [10; S.65].

4.2.2. Die operante Konditionierung

Ein Operant („ Handlung" bzw. „Spontanverhalten" [16; o.S.]) kann positiv (Lob, Anerkennung, Freude…) oder negativ (Bestrafung, Schläge, Kritik,…) verstärkt werden. Dies kann sowohl physisch als auch psychisch erfolgen [15; S.242-254]. Je seltener und je regelmäßiger positiv verstärkt wird, desto größer ist die Extinktionsresistenz[3] [16; o.S.]. *Anhand des Beispiels eines gemeinsamen Familienessens, kann ein seltener Verstärker der gemeinsame Besuch eines Restaurants sein, im Gegensatz zum regelmäßigen gemeinsamen Abendessen zu Hause.*

In der operanten Konditionierung können Ess- und Trinkverhalten gelernt, verändert oder auch gelöscht werden [10; S.66]. In experimentellen Studien konnte die Wirkung durch den gezielten Einsatz von verbalen und nichtverbalen Belohnungen als Verstärker der Nahrungspräferenzen und Essgewohnheiten von Kindern gezeigt werden [17; S. 35].

Die Bestrafung oder die Belohnung mit Lebensmitteln sind riskant, da zu viele andere Emotionen wie Glück, Trauer oder Wut damit gekoppelt werden. Im weiterem Leben kommt es in Situationen, die stark an Gefühle gebunden sind, durch dieses falsche Erziehungsverhalten, zu dem Verlangen nach: Essen! [4; S.75-77].

---

[2] Beispiel der Autorin

[3] (Extinktion [Psych.] Löschung eines erlernten Verhaltens (durch Vergessen, Ausbleiben der Bekräftigung u. a [24].

Die meisten Kinder interessieren sich nicht für ernährungstheoretische Zusammenhänge. Deshalb sind Informationen und Aufklärung oft unwesentlich für das kindliche Ernährungsverhalten. Eindrucksvoller ist „lebendiges Lernen" z.b. beim gemeinsamen Einkaufen, Kochen und Essen, bei dem der erlebnisbezogene Zugang zur Ernährung gegeben ist [18; S.170]. *Möglich ist es z.B. positiv durch gemeinsames Familienessen sowie Rituale (z.B. Feierlichkeiten) zu verstärken und somit ein angenehmes Gefühl bei dem Verzehr von Speisen zu vermitteln. Dieser Effekt kann vor allem bei ernährungsphysiologisch sinnvollen Lebensmitteln wie Obst, Gemüse und Getreideprodukten als Vorteil für das kindliche Ernährungsverhalten herangezogen werden.* In intakten Familien zeigt sich eine Ausgewogenheit in der Ernährung allgemein deutlich besser, als in gestörten Familienverhältnissen [19; S.169].

4.2.3. Lernen am Modell (und Gewöhnung)

Das Beobachtungslernen, also das Lernen am Modell, ist dann am effektivsten, wenn [15; S.261]:

⇨ das Modell als positiv wahrgenommen d.h. beliebt, respektiert,... wird.

⇨ eine Identifikation mit dem Modell durch Ähnlichkeit in Eigenschaften und Charakteristika besteht.

Es ist wissenschaftlich erforscht [20; S. 21], dass Söhne hinsichtlich ihrer Nahrungsgewohnheit und Vorlieben mehr ihren Vätern, Töchtern mehr ihren Müttern ähneln

⇨ beobachtet wird, dass das Verhalten verstärkt wird.

Es kann extrinsisch (von außen motiviert[4] bzw. Druck und Hilfe bei der Ausführung einer Handlung) oder intrinsisch (von innen motiviert bzw. ohne Druck und ohne Hilfe) verstärkt werden. *z.B. Freiwillige gesunde Ernährung der Eltern und dadurch positive Vermittlung dieses Lebensstils an die Kinder*

⇨ es im Bereich der Kompetenz des Beobachters liegt, das Verhalten zu übernehmen.

---

[4] Unter Motivation versteht man jene Energie, die unser Verhalten aktiviert und Bedingungen die uns veranlassen, in einer bestimmten Weise zu handeln. Sie hält das Verhalten auch angesichts von Hindernissen, Rückschlägen und fehlender Belohnung in Gang [16; o.S.].

⇨ das Verhalten des Modells sichtbar und auffällig ist – sich klar vom Hindergrund konkurrierender Modelle *(z.b. Werbung)* abhebt.

z.B. Gemeinsames Essen am Familientisch zu geregelten Zeiten

⇨ verstärkt wird, dass der Beobachter dem Modell Aufmerksamkeit schenkt.

z.b. Wenn die Kinder am Familientisch zwischen Vater und Mutter sitzen dürfen. Der „eigene" Platz am Tisch hat nicht nur eine organisatorische Bedeutung, sondern symbolisiert auch die innere Struktur einer Familie [12; S.238-242].

Lernen durch Beobachten ist vor allem für Kinder eine ökonomisch, schnelle Art, ihr Verhalten mit neuen Versionen anzureichern. Der Sprössling muss somit nicht wie bei der klassischen Konditionierung alles Stück für Stück ausprobieren, sondern übernimmt einfach ein komplettes Verhaltensmuster einer Modellperson. Die Lerntheorie behauptet, dass dieser Prozess erfolgt, wenn damit angenehme, vorteilhafte Erlebnisse verbunden sind. Modellpersonen können Eltern, Familienmitglieder, Lehrer, Actionfiguren,… sein/werden – vorausgesetzt es ist für das Kind erstrebenswert, auch so zu werden wie das Modell [4; S.25].

Durch fehlerhafte Lernmuster kann eine Inkongruenz hervorgerufen werden, wie beispielsweise von einem Elternteil der von seinem Sprössling verlangt, sich gesund zu ernähren aber sich selbst nicht daran hält. Dieser Konflikt kann zu inneren Widersprüchen und Unsicherheiten führen [15; S.556].

Somit übt das Ernährungs- und Erziehungsverhalten der Bezugspersonen einen starken Einfluss auf die Einstellungen zur Nahrung und die Ess- und Trinkgewohnheiten der Kinder und Jugendlichen aus [18; S.58].
Auch Vorlieben und Abneigungen von bestimmten Gerichten können auf die Kinder übertragen werden. Interessant in diesem Zusammenhang ist die Untersuchung der Nahrungspräferenz über Kinder und ihre Mütter von PUDEL [4]. Diese Erforschung zeigte, dass eine stärkere Ähnlichkeit für die Abneigung als für die Vorlieben von bestimmten Speisen besteht. Eine Abneigung für Äpfel bei den Müttern ließ sich mit einer großen Wahrscheinlichkeit bei den Kindern wieder finden. Das gilt für nahezu alle Lebensmittel mit der Ausnahme von Süßigkeiten. Mütter die nicht gerne naschen übertragen diese Aversion meist nicht auf ihre Kinder (siehe Tabelle 1).

Lebensmittel	Prozentsatz an übereinstimmungender Vorliebe bei Müttern und Kind	Prozentsatz an übereinstimmender Abneigung bei Mutter und Kind
Obst: Apfel / Banane	8 % / 12 %	60 % / 35 %
Fleisch: Huhn / Kotelett	10 % / 10 %	55 % / 45 %
Süßes: Pudding / Zuckerl	35 % / 20 %	18 % / 5 %

Tabelle 1:Prozentuelle Aufzeichnungen der Ähnlichkeiten von Vorlieben und Abneigungen bei Müttern und ihren Kindern [4; S.26]

Nach PUDEL [21; S.33] kann diese Abneigung gegen bestimmte Lebensmittel zu einem Teil darauf zurückgeführt werden, dass diese von den Müttern nicht eingekauft werden und folglich im Haushalt nicht vorhanden sind. Somit kann der "mere exposure effect" bei den Kindern nicht stattfinden.

Dabei handelt es sich um eine „prägende Gewohnheitsbildung durch Erfahrungstraining" - ein permanentes Training auf das „Geschmacksprofil" einer Gesellschaft. Dieser Effect besagt, dass Lebensmittel, die bereits im Kindesalter häufig freiwillig aber auch unfreiwillig gegessen werden, werden im Erwachsenenalter auch gerne gegessen. Wenn beispielsweise Eltern von ihrem Jungen liebenswürdig verlangt haben, viel Spinat zu essen, dann wird ihm, mit großer Wahrscheinlichkeit, als erwachsene Person dieses Gemüse schmecken [4; S.29]. Somit beruhen Nahrungsvorlieben und –abneigungen weitgehend auch auf Gewöhnung [18; S.55].

Bei der Ernährungserziehung muss darauf geachtet werden, dass nicht nur die Eltern eine Vorbildfunktion ausüben, sondern bei manchen Speisen die Einstellung einer anderen Modellperson relevanter für das Kind erscheinen kann. „Der Mensch ist, was er isst" – unsere Lebensmittelwahl dokumentiert einen bestimmten Lebensstil und somit erscheint unter Freunden ein Glas Cola angesagter als ein Glas Milch. Das erschwert eine gezielte Beeinflussung durch die Erziehungsperson [4; S.48/S.76].

5. Häufige Fehler und Lösungsansätze

5.1. Ernährung der Eltern

Erziehungspersonen müssen sich der Tatsache bewusst sein, dass sie, obwohl sie als Vorbild für die Kinder gelten, meist selbst kein vorbildliches Essverhalten haben. Folge dessen sollte verhindert werden, dass Kinder im Erwachsenenalter die gleichen Ernährungsfehler leben wie ihre Modellpersonen [4; S.75]. *Somit sollten Eltern im Rahmen einer pädagogisch wertvollen Ernährungserziehung ihre Ernährung im Hinblick auf Nahrungsselektion, Nahrungsmenge, Esstempo und Esstechnik umstellen.* „Wenn Kinder z.B. miterleben und erfahren, dass Mutter und Vater selbst viel Obst und Gemüse essen, dann ist die Wahrscheinlichkeit relativ hoch, dass sie dieses Ernährungsverhalten übernehmen." Die Vorbildfunktion wirkt, wie bereits erwähnt, auch umgekehrt. „Wenn Eltern manche Nahrungsmittel überhaupt nicht mögen, dann überträgt sich diese Abhängigkeit häufig auch auf die Kinder. Trinken Eltern z.B. keine Milch, so werden in der Regel auch ihre Kinder keine Milchtrinker." [22; S.35]

5.2. Verbieten bzw. Gesundheitsbewusstsein

Gesunde Kinder erleben den Zustand der Gesundheit als normal. Eine Verletzung oder eine Grippe ist etwas das „über sie kommt". Bei der Grippe fehlt den Kleinen die Vorstellungskraft, wie sei durch ein unsichtbares Virus krank werden können. Sollten sie sich mit dem Messer scheiden, dann ist das Messer „böse" und die Hochachtung vor diesem Gerät steigt. Somit fällt es Kindern auch schwer zu begreifen, dass Schokolade, bei zu häufigem Verzehr, zu Gewichtsproblemen – und damit zu Gesundheitsproblemen führt. Im kindlichen Erfahrungshorizont haben nur Tatsachen Realität, die selbst beobachtet werden können. Die Befolgung des Ratschlages „gesunde" Lebensmittel zu essen, führen Kinder aus, weil die Erziehungspersonen dies verlangen. Der Inhalt der Empfehlung kann oft nicht nachvollzogen werden [4; S.59-60]. Nach PUDEL [4; S. 67] gilt somit der Grundsatz „ Es ist verboten, Kindern ein Lebensmittel zu verbieten. Essen darf das Kind alles. Es kommt jedoch auf die **Menge** und die **Kombination** an". Komplette Verbote von „ungesunden" Lebensmitteln sind nicht nur wirkungslos, sie können sogar zu sich aufschaukelnden Essproblemen führen. Weiters ist zu bedenken, dass vor allem „Konfliktlebensmittel" die von den Eltern verboten werden, oft große Beliebtheit bei Kindern zeigen. Sinnvoller ist hier eine flexible Verhaltenssteuerung, die den Grundsatz vollwertiger Ernährung, der die Kombination von Lebensmitteln und deren Mengen in den Vordergrund stellt. Ein Beispiel dafür ist eine Tafel Schokolade für eine Woche. *Diese kann in einer Piratenschatzkiste, die mit den Kindern gebastelt wird, aufbewahrt werden.* Vor allem der Genussaspekt des Essens und die Stabilisierung eines vollwertigen Ernährungsverhaltens werden durch die flexiblen Vorgaben gestärkt [4; S.71].

5.3. Familientisch

Um Selbstbehauptung zu üben, wird in einigen Familienkreisen das Essen bei Tisch für Machtkämpfe zwischen Kindern und ihren Eltern herangezogen. Das Essen sollte jedoch Essen bleiben und kein Treffpunkt werden, um andere Erziehungsziele durchzusetzen [4; S.77].

5.4. Gesundes Ess-Sättigungs-Gefühl

Bei Säuglingen gilt die Regel der Ad. libidum. Fütterung. Auch wenn das Kind älter wird, sollte dies beibehalten werden – einen sinnvoll zusammengestellten Speiseplan vorausgesetzt. Nach PUDEL [4; S.78] sollen die Kleinen selbst über ihre Portionsgrößen bestimmen dürfen. Bei nicht Verzehr der Mahlzeit darf dem Kind keine weitere Nahrungsaufnahme aufgezwungen werden. Somit würde das gesunde Ess-Sättigungs-Gefühl gestört werden und die natürliche Körperreaktion verloren gehen.

6. Konklusion

„Der oberste Grundsatz müsste sein: eher abwarten, eher großzügig sein, nicht zu viel beeinflussen wollen, auf Kinder eingehen, auch Essenswünsche erfüllen, Mitspracherecht zulassen – kurz: dem Kind seine Spielräume lassen, damit es sein Essverhalten nach und nach selbst gestaltet." [4; S.75]

Gesunde Speisen sollen interessant sein, die Fantasie anregen und für ein angenehmes Mundgefühl sorgen. Früher wurden die Kinder oft mit strengen Erziehungsregeln dazu „gezwungen" gewisse Speisen zu essen oder nicht zu essen – jedoch durften sie es unter Protest machen. Heute wollen wir, dass sich unsere Kinder freiwillig gesund ernähren und somit wird ihre Selbstverantwortung gesteigert.

7. Quellenverzeichnis

7.1. Literaturverzeichnis

[1] GRUBER, M. (2005): Ernährungserziehung: Ist-Situation-Erhebung an Salzburger Volksschulen; Diplomarbeit; Hauptuniversitätsbibliothek; Wien;

zitiert nach: ELMADFA, I / FREISLING, H / KÖNIG, J / et al (2003): Österreichischer Ernährungsbericht 2003; 1. Auflage; Wien

[2] SCHUH, M. / SEITER, J. / SERTL, M. (2002): Mahlzeit? Es ist angerichtet!: Ernährung in Erziehung und Unterricht; Schulheft 107; Verein der Förderer der Schulhefte; Wien

[3] GMEINER, I. (2005): Evaluierung des Projektes „Der Zuckerwürfel und die Fettkugel erobern das Vitaminland" an drei Waldviertler Volksschulen; Diplomarbeit; Hauptuniversitätsbibliothek; Wien; *zitiert nach: HESEKER, H. / BEER, S. (2004): School nutrition and nutrition lessons; Bundesgesundheitsblatt Gesundheitsforschung Gesundheitsschutz 47; 240-245*

[4] PUDEL, V. (2002): So macht Essen Spaß!: Ein Ratgeber für die Ernährungserziehung von Kindern; Beltz Verlag; Weinheim und Basel

[5] HOFFMANN, H. (ohne Jahr): Der Struwwelpeter; O. Moravec – Verlag; Wien

[6] GRUBER, M. (2005): Ernährungserziehung: Ist-Situation-Erhebung an Salzburger Volksschulen; Diplomarbeit; Hauptuniversitätsbibliothek;Wien

[7] KARCH, I. (1994): Ernährungserziehung in Familie und Schule unter besonderer Berücksichtigung österreichischer Pflichtschulen; Diplomarbeit; Hauptuniversitätsbibliothek; Wien

[8] KARCH, I. (1994): Ernährungserziehung in Familie und Schule unter besonderer Berücksichtigung österreichischer Pflichtschulen; Diplomarbeit; Hauptuniversitätsbibliothek; Wien; *zitiert nach: OLTERSDORF, U. (1984): Methodische Probleme der Erfassung von Ernährunserhalten; In: AID-Verbraucherdiens 29, Heft 9; S. 189*

[9] PUDEL, V. / WESTENHÖFER, J. (2003): Ernährungspsychologie: Eine Einführung; 3. unveränderte Auflage; Hogrefe - Verlag für Psychologie; Göttingen, Bern

[10] DIEDRICHSEN, I. (1990): Ernährungspsychologie; Springer – Verlag; Berlin, Heidelberg

[11] PUDEL, V. / WESTENHÖFER, J. (2003): Ernährungspsychologie: Eine Einführung; 3. unveränderte Auflage; Hogrefe - Verlag für Psychologie; Göttingen, Bern; *zitiert nach: PUDEL, V. (1986): Psychologie der Ernährung; Monatsschrift für Kinderheilkunde; 134; 393-396*

[12] BROMBACH, C. (2001): Mahlzeit – Familienzeit?: Mahlzeiten im heutigen Familienalltag: Der deutsche Teil von "Everyday Eating in Europe: a four-country qualitative Study of urban households"; DGE (Herausg.); In: Ernährungs-Umschau: Forschung und Praxis; 48; Heft 6; S. 238 – 242; Frankfurt am Main

[13] GSÖLLPOINTNER, C. (2003): Die Familie als wesentliche Unterstützung bei der Beratung adipöser Kinder; Diplomarbeit; Akademie für den Diätdienst und ernährungsmedizinischen Beratungsdienst; Wien

[14] KARCH, I. (1994): Ernährungserziehung in Familie und Schule unter besonderer Berücksichtigung österreichischer Pflichtschulen; Diplomarbeit; Hauptuniversitätsbibliothek; Wien;

zitiert nach: GUTEZEIT, G. (1981): Elternverhalten und Kinderziehung; In: Möglichkeiten und Grenzen der Veränderung des Ernährungsverhaltens (W. Kappus, et. al. ed); Schriftreihe der Arbeitsgemeinschaft e.V.; Band 1; ohne Angabe des Verlages; Götting

[15] ZIMBARDO, P. (1992): Psychologie; 5. Auflage; Springer-Verlag; Berlin, Heidelberg

[16] RIES, (2006): Psychologie 01; Lehrunterlagen der Vorlesung: Psychologie; Akademie für den Diätdienst und ernährungsmedizinischen Beratungsdienst; Wien

[17] KARCH, I. (1994): Ernährungserziehung in Familie und Schule unter besonderer Berücksichtigung österreichischer Pflichtschulen; Diplomarbeit; Hauptuniversitätsbibliothek; Wien;

zitiert nach: DIEHL, J.M. (1986): Ernährungspsychologie; Fachbuchhandel für Psychologie GmbH – Verlagsabteilung; Eschborn bei Frankfurt am Main

[18] DIEDRICHSEN, I. (1995): Humanernährung: Ein interdisziplinäres Lehrbuch; Dr. Dietrich Seinkopff Verlag GmbH & Co.KG; Darmstadt

[19] DIEDRICHSEN, I. (1995): Humanernährung: Ein interdisziplinäres Lehrbuch; Dr. Dietrich Seinkopff Verlag GmbH & Co.KG; Darmstadt; *zitiert nach: RITZEL, G. / ACKERMANN, U. / BRUPPACHER, R. / et. al. (1983): Ernährungsverhalten im familiären und schulischen Bereich: Ergebnisse von Erhebungen bei Basler Kindern und Jugendlichen; In H.-J. Teuteberg (Hrsg.); Ernährungserziehung und Ernährungsberatung; S. 11-16; Frankfurt/M.:Umschau*

[20] DIEDRICHSEN, I. (1990): Ernährungspsychologie; Springer – Verlag; Berlin, Heidelberg; *zitiert nach: KLEGSES, RC. / et. al. (1986): The effects of parental influences on children's food intake, physical activity, and relatve weight; International Journal of Eating Disorders; 5; 335-346*

[21] KARCH, I. (1994): Ernährungserziehung in Familie und Schule unter besonderer Berücksichtigung österreichischer Pflichtschulen; Diplomarbeit; Hauptuniversitätsbibliothek; Wien; *zitiert nach: PUDDEL, V. (1991): Praxis de Ernährungsberatung; Springer-Verlag; Berlin, Heidelberg*

[22] KARCH, I. (1994): Ernährungserziehung in Familie und Schule unter besonderer Berücksichtigung österreichischer Pflichtschulen; Diplomarbeit; Hauptuniversitätsbibliothek; Wien; *zitiert nach: BECKER, W. (1990): Zur Problematik der Weitervermittlung von Ernährungswissen; Verlag Peter Lang GmbH; Frankfurt am Main*

7.2. Internetverzeichnis

[23] DEUTSCHES ERNÄHRUNGSBERATUNGS UND -INFROMATIONSNETZ; http://www.ernaehrung.de/tipps/essverhalten/essverhalten10.php; Zugriff am 06.10.2007; um 16:11 Uhr

[24] Wissen Media Verlag; WISSEN.AT; http://www.wissen.at/wde/generator/wissen/ressorts/bildung/woerterbuecher/index,page=335 0256.html; Zugriff am 04.10.2007; um 17:36 Uhr